Bibliografische Information der Deutschen Nationalbibliothek:

Die Deutsche Bibliothek verzeichnet diese Publikation in der Deutschen National-
bibliografie; detaillierte bibliografische Daten sind im Internet über http://dnb.d-
nb.de/ abrufbar.

Impressum:

Copyright © 2009 GRIN Verlag, Open Publishing GmbH
Druck und Bindung: Books on Demand GmbH, Norderstedt Germany
ISBN: 9783640592197

Dieses Buch bei GRIN:

http://www.grin.com/de/e-book/148762/entwicklung-der-weltwirtschaft-in-zeit-
schnitten

Friedolin Michel

Entwicklung der Weltwirtschaft in Zeitschnitten

1950 - 2008 - 2050

GRIN Verlag

OTTO-FRIEDRICH-UNIVERSITÄT BAMBERG

LEHRSTUHL FÜR GEOGRAPHIE I

Grenzen des Wachstums

Hauptseminar im WS 08/09

Entwicklung der Weltwirtschaft in Zeitschnitten

1950-2008-2050

Friedolin Michel

Lehramt Realschule

Abbildungsverzeichnis

Inhaltsverzeichnis

Vorwort

Vor wenigen Jahren war sie noch das Beste, was der Wirtschaft passieren konnte. Sie hat den Kapitalismus befeuert und das Wachstum beflügelt. Sie hat uns den Wohlstand gebracht und den Sozialismus an die Ecke gedrängt. Sie – das ist Adam Smith' „unsichtbare Hand des Marktes" – hat sich im letzten Jahr bis auf die Knochen blamiert.

Die Tektonik der Weltwirtschaft ist in Bewegung geraten. Nach einer Phase des ewigen Aufschwungs wird erstmalig das Wort „Schrumpfung" erwähnt, ein Novum seit dem Zweiten Weltkrieg.

Friedolin Michel versucht in seinem Buch, den Zustand der Weltwirtschaft in drei Zeitschnitten zu beleuchten und dabei den zentralen Aspekt des exponentiellen Wachstums mit diesem Thema zu verknüpfen. Neben der Frage, ob ungezügeltes Wirtschaftswachstum zielführend sein kann, beschäftigt sich Michel auch mit der weltweiten Ungleichverteilung der Wirtschaftsleistung.

Ein lesenswertes Buch, das nachdenklich macht!

Michael Sypien, Bamberg

1. Quo Vadis Welt (-wirtschaft)?

Die Weltwirtschaft rutschte durch die Krise am amerikanischen Finanz- und Immobilienmarkt in eine der schwersten Krisen der vergangenen Jahrzehnte. Die jahrelange Phase starker Expansion hatte ein vorläufiges Ende gefunden und die Wirtschaft fiel ab (BOYSEN-HOGREFE et al. 2008: 4). Wieso kann etwas, das so hoch kletterte, nicht irgendwann zum Fallen verurteilt sein? Wobei hiermit noch nicht einmal auf die populistische Diskussion um Managergehälter, Raffgier und spekulative Zertifikate eingegangen werden soll. Fakt ist nämlich, dass die Weltwirtschaft ein so explosionsartiges Wachstum in einer so kurzen Zeit erlebt hat, dass durchaus die Frage erlaubt ist, wie lange das noch gut gehen kann.

Wenn man in die Geschichte zurückblickt, lässt sich feststellen, dass viele vermeintlich neue Phänomene der modernen Weltwirtschaft gar nicht so neu sind. Schon lange gab es weltweiten Handel mit Gütern, das Transportieren von Waren, Wissen und Arbeitskräfte über tausende Kilometer oder weltweit agierende Global Player. Schon die Wikinger transportierten seltene Güter aus dem hohen Norden über das europäische Flusssystem bis ins damalige Byzanz und brachten von dort wiederum kostbare Rohstoffe mit in die Heimat. Schon während der Kreuzzüge wurde Wissen aus dem Orient ins Abendland importiert, im Mittelalter waren Künstler als freischaffende Arbeiter in ganz Europa unterwegs und in Nordeuropa agierte die Hanse ähnlich einem heute weltweit operierenden Unternehmen.

Jedoch gab es eine Sache, die sich wesentlich erst seit ca. 100 Jahren geändert hat: Das Wachstum und seine Geschwindigkeit. Während die globale Wirtschaft im ersten Jahrtausend unserer Zeitrechnung mit 0,01 Prozent pro Jahr wuchs, wächst sie heute mit etwa 2,5 Prozent. Dies bedeutet, dass die Wirtschaft heute in einem Jahr soviel wächst, wie damals in einem viertel Jahrhundert. Selbst als nach der ersten Jahrtausendwende die globale Wirtschaft aufgrund neuer Technik schneller wuchs, betrug dieses Wachstum doch auch lediglich kapp ein viertel Prozent pro Jahr (MADDISON 2001: 261).

Nicht nur die Weltwirtschaft, sondern auch viele damit eng verknüpfte Parameter wuchsen in den letzten Jahrzehnten schlagartig. Die Weltbevölkerung hat sich innerhalb des 20. Jahrhunderts fast vervierfacht, die Umweltbelastungen, vor allem auch der CO_2 Gehalt in der Atmosphäre hat sich dramatisch erhöht und die Rohstoffausbeutung des Planeten geht weiter (FISCHER 2008: 628f).

Es stellt sich die Frage, was sich im letzten Jahrhundert so dramatisch geändert hat und, was noch viel wichtiger ist, wohin diese Entwicklungen die Weltwirtschaft in Zukunft führen und was dies letztendlich für Auswirkungen auf den Menschen und seinen Planeten hat. Die folgende Seminararbeit erläutert zu Beginn die Grundprinzipien der Weltwirtschaft, legt im 3.

Kapitel dann die Lage der globalen Ökonomie von 1950 dar, beschreibt dann die aktuelle Weltwirtschaftslage und gibt dann im 5. Kapitel einen Ausblick auf 2050, jedoch nicht ohne zuvor die Tücken und Gefahren solcher Prognosen näher beleuchtet zu haben. Dort sollen dann auch Lösungsoptionen für die oben erwähnten Fragen angeboten werden.

2. Grundprinzipien der Weltwirtschaft

Um eine ausreichende Charakterisierung der Weltwirtschaft zu bestimmten Zeitpunkten zu ermöglichen, muss zuerst die Frage geklärt werden, wie sich Weltwirtschaft definiert. Die Fachliteratur tut sich schwer damit, eine einheitliche Definition des Begriffes zu liefern und beschreibt meist nur den Zustand einer global vernetzten Wirtschaftswelt. So bezeichnet das GABLER WIRTSCHAFTSLEXIKON (2000: 3447) die Weltwirtschaft als „die durch den internationalen Handel sowie Bewegungen von Kapital und Arbeit zwischen den Volkswirtschaften entstehenden Beziehungen und Verflechtungen". Welche Märkte jedoch nun konkret unter dem Begriff Weltwirtschaft vereinigt sind und welche Indikatoren benötigt werden, um die Lage der Weltwirtschaft zu messen, soll nun im Folgenden näher erläutert werden.

2.1 Akteure und Bestandteile der Weltwirtschaft

Die Weltwirtschaft ist ein globales Wirtschaftssystem, das sich aus vielen anderen Wirtschaftssystemen zusammensetzt. Die einzelnen Bestandteile sind die jeweiligen Volkswirtschaften. Diese sind eigentlich geschlossene Systeme, die jedoch durch Außenhandel und externen Kapitalverkehr durchlässig und somit miteinander verknüpft sind (SIEBERT 1997: 7). Weitere Akteure sind zudem Organisationen wie z. B. die Weltbank, internationale Unternehmen und auch Nicht-Regierungsorganisationen (WALTER 2006: 6). Die Welt ist im Ganzen dennoch keine homogene Volkswirtschaft, in der alle Akteure die gleichen Anteile am Handel haben, sondern es lässt sich folgendes feststellen: Je größer eine Volkswirtschaft ist, desto größer ist auch ihr Anteil am Welthandel. Dieses Gravitationsgesetz lässt sich an einem Beispiel verdeutlichen: Deutschland als größte europäische Volkswirtschaft ist auch gleichzeitig größter europäischer Handelspartner der USA (KRUGMAN & OBSTFELD 2006: 39f). Die Abbildung 4 verdeutlicht die ungleiche Lage der globalen Handelsbeziehungen. So entfiel im Jahr 2003 fast die Hälfte des Welthandels alleine auf Westeuropa (HAAS & NEUMAIR 2006: 48).

Einem starken Wandel unterlagen die Märkte, die in die Weltwirtschaft integriert sind. Während früher der globale Güter- und Rohstoffmarkt klar den größten Markt bildete, sind es heute auch der Finanz- und der Arbeitsmarkt, die weltweit wachsen. So sind seit Mitte der 1980er Jahre die ausländischen Direktinvestitionen um ein vielfaches höher, als die Exporte. Auch auf dem Arbeitsmarkt ist die Globalisierung klar erkennbar. Zwar sind es zumeist nicht die einzelnen Arbeitnehmer die weltweit unterwegs sind, jedoch die Firmen, die ihre traditionellen Standorte verlassen und sich nach dem Kriterium des Arbeitsmarktes vor Ort neue Standorte suchen (SIEBERT 1997: 14f).

2.2 Die Weltwirtschaftsordnung

Infolge der Weltkriege und den damit verbundenen weltwirtschaftlichen Schwierigkeiten drängten vor allem die USA darauf, den Welthandel zu liberalisieren. So trat am 1. Januar 1948 das Allgemeine Zoll- und Handelsabkommen (engl.: General Agreement on Tariffs and Trade oder kurz GATT) in Kraft. Ziele der 23 ratifizierenden Staaten waren die Erhöhung des Lebensstandards, die Verwirklichung von Vollbeschäftigung, ein ständig steigendes Realeinkommen, die optimale Erschließung von Ressourcen und die Intensivierung des Außenhandels zwischen den Mitgliedern. Grundprinzipien dieses Abkommens waren die Liberalisierung der Zölle, die gegenseitige Gewährung von Handelsvergünstigungen, das Prinzip der Nichtdiskriminierung, das einzelnen Mitgliedsstaaten verbot, andere zu bevorteilen oder zu benachteiligen und das Prinzip der Transparenz, das den Vertragspartnern Information und Rechtssicherheit garantieren sollte (HAAS & NEUMAIR 2006: 74-77). Das GATT wurde 1994 von der Welthandelsorganisation (engl.: Word Trade Organization oder kurz WTO) abgelöst.

Besondere Bedeutung für die Rahmenbedingungen der heutigen Weltwirtschaft kommen dem Internationalen Währungsfond (IWF) und der Weltbank (engl.: International Bank for Reconstruction and Development oder kurz IBRD) zu. Auf diesen beiden Säulen ruht der Weltwährungsfond, welcher wiederum ein wichtiger Stützpfeiler der gesamten Weltwirtschaftsordnung darstellt. Der Internationale Währungsfond wurde 1945 als Resultat des Bretton Wood Abkommens gegründet. Die Hauptaufgabe des IWF beruht darin, ein stabiles, globales Zahlungssystem zu etablieren. Es entstand somit ein für alle Akteure der Weltwirtschaft kalkulierbares Weltwährungssystem (KULKE 2004: 196f).

2.3 Das Bruttoinlandsprodukt

Das Bruttoinlandsprodukt (BIP) gilt als der wichtigste Indikator zur Messung der Wirtschaftsleistung einer Volkswirtschaft. Das BIP gibt an, welche Wertschöpfung durch Waren und Dienstleistungen in einem bestimmten Zeitraum in einer Volkswirtschaft erwirtschaftet wurden. Da diese Entstehungsseite in einer volkswirtschaftlichen Gesamtrechnung auch der Verwendungsseite entsprechen muss, entspricht das BIP auch gleichzeitig dem Wert aller Ausgaben in einer Volkswirtschaft. Daher lässt sich vereinfacht sagen, dass das BIP aus dem Konsum der Privathaushalte, des Staates und der Wirtschaft (Investitionen) besteht. Zusätzlich muss dieser Wert dann noch um den Außenhandel bereinigt werden, d.h. die Exporte werden addiert und die Importe subtrahiert (LARRAIN & SACHS 1995: 25-31).

	Privater Konsum	3.658,1
+	Investitionen	745,0
+	Staatskonsum	1.098,0
+	Exporte	534,7
-	Importe	611,3
=	**Bruttoinlandsprodukt**	**5.424,4**

Abbildung 1:   *Das BIP der USA 1990 in Mrd. US-$ (verändert nach LARRAIN & SACHS 1995: 23)*

Bleibt die Frage, ob das BIP auch als Maß für den Wohlstand einer Gesellschaft taugt. Bei dieser Frage muss betrachtet werden, was das BIP nicht einschließt. Das BIP gibt zwar an, wie viel eine Person im Durchschnitt in einer Volkswirtschaft in einem Zeitraum erwirtschaftet, jedoch nicht in welcher Zeit. Daher ist auch das BIP der USA gegenüber europäischen Staaten höher, weil ein Amerikaner viel länger arbeitet, dadurch zwar ein höheres Einkommen erwirtschaftet, jedoch viel weniger Freizeit zur Verfügung hat. Zudem lässt das BIP Leistungen außen vor, die nicht finanziell vergütet werden, wie zum Beispiel ehrenamtliches Engagement oder Schwarzarbeit. Das BIP hat also eine recht hohe Aussagekraft über die Lage und Entwicklung einer Volkswirtschaft, jedoch ist diese Aussagekraft auch eingeschränkt und das BIP eignet sich erst recht nicht als „Wohlfühlindikator" (BLANCHARD & ILLING 2006: 46-52).

3. Die Lage der Weltwirtschaft 1950

Die Zeit um 1950 war prägend für die Zukunft der Weltwirtschaft. Mit der internationalen Wirtschaftskonferenz in Bretton Woods, USA 1944 veränderten sich viele Vorzeichen im globalen Wirtschaftssystem. Die großen Industriestaaten unternahmen damit einen ersten Schritt weg vom Protektionismus hin zu einer liberaleren Weltwirtschaftsordnung (vgl. Kapitel 2.2).

3.1 Wirtschaftsleistung und Aufteilung nach Regionen

Die gesamte Wirtschaftsleistung der Welt im Jahre 1950 belief sich auf 5.336.101 Millionen US-$, gemessen am Weltbruttoinlandsprodukt. Noch interessanter als diese bloße Zahl ist jedoch, wo diese Leistung erwirtschaftet wurde. Die USA hatte zusammen mit Westeuropa einen Anteil am Welt-BIP von über 50 Prozent, womit die Vereinigten Staaten auch die größte Wirtschaftsmacht bildeten. Die zweitgrößte Volkswirtschaft, gemessen am BIP, war die Sowjetunion mit einem Anteil an der weltweiten Wirtschaftsleistung von knapp 10 Prozent. Deutlich wird anhand dieser Zahlen, auch das extrem große Nord-Südgefälle. Die Anteile des Südens (Lateinamerika, Afrika und Asien ohne die UdSSR und Japan) am Welt-Bruttoinlandsprodukt betrugen nur etwas mehr als ein Viertel (MADDISON 2001: 261).

Doch es gab auch schon zu dieser Zeit Ökonomen, die darauf hinwiesen, dass die Vormachtstellung der westlichen Welt nicht immer andauern müsse, nur weil sie „in den letzten paar tausend Jahren gesichert war" (WEBER 1950: 31). So warnt WEBER schon damals davor, die Chinesen zu unterschätzen, da sie „bei größter Anspruchslosigkeit auch die Fähigkeit besitzen [...] schwere körperliche Arbeit zu vollbringen" (WEBER 1950: 31f).

3.2 Demographische Entwicklung und Verteilung

In den Jahren nach dem Zweiten Weltkrieg begann weltweit ein enormer Anstieg der Bevölkerung. Ein Grund dafür war der starke Rückgang der rohen Sterberate, vor allem in den Nicht-Industriestaaten. Für diese Länder begann zur damaligen Zeit die Phase des demographischen Übergangs, die die westlichen Nationen bereits Ende des 19. Jahrhunderts erlebten. Gerade in der Dritten Welt sorgte der Vormarsch von westlicher Technologie im Bereich Landwirtschaft, Medizin und Hygiene dafür, dass die Sterberaten stark absanken. Jedoch passten sich die Geburtenraten in diesen Ländern viel langsamer an und es kam zu einem drastischen Wachstum der Bevölkerung (CAMERON 1992: 161).

Ein weiterer Grund für das starke Bevölkerungswachstum war die gestiegene Lebenserwartung. Während noch zu Beginn des 20. Jahrhunderts die Lebenserwartung selbst in den vordersten Industrienationen deutlich unter 50 Jahren lag, war sie 1950 in den besagten Ländern schon zwischen 60 und 70 Jahren. Selbst die Länder, in denen sie immer noch nominell relativ niedrig war, erlebten einen starken prozentualen Anstieg (CAMERON 1992: 161-167). So beherbergte die Erde 1950 mit 2,5 Milliarden Einwohnern schon rund eine Milliarde mehr Menschen, als noch 1900 (siehe Abbildung Abbildung 6 Abbildung 9).

3.3 Ressourcen und Energie

Durch den enormen Bevölkerungszuwachs in der Mitte des 20. Jahrhunderts wuchs auch der Bedarf an Energie und Primärenergieträgern. Kohle war 1950 der Energieträger Nummer eins. Sie lieferte fast die Hälfte der Gesamtenergie. Erdöl und Erdgas hatten im Vergleich zu den Jahrzehnten zuvor zwar schon massiv an Bedeutung gewonnen, lieferten jedoch nur ca. 30 Prozent der weltweiten Energie. Insgesamt wurde im Jahre 1950 schon viermal soviel Energie gewonnen, wie noch 50 Jahre zuvor (CAMERON 1992: 171).

Bei der Stromerzeugung gab es ebenfalls eine sprunghafte Entwicklung. 1950 wurde knapp eine Billionen Kilowattstunden weltweit erzeugt. Dabei fällt die ungleichmäßige Verteilung der Stromerzeugung auf (siehe Abbildung 5). Die Stromerzeugung der weitgehend industrialisierten nördlichen Hemisphäre (Nordamerika, Europa und die Sowjetunion) liegt bei knapp 90 Prozent der weltweiten Erzeugung. In Afrika hingegen lebten 1950 zwar fast neun Prozent (siehe Abbildung 6) aller Menschen, jedoch ist die Stromerzeugung des Kontinents mit 1,5 Prozent des Weltanteils stark unterproportional. Ähnlich verhält es sich mit Südamerika und Asien (CAMERON 1992: 176f).

3.4 Arbeitsmarkt und Beschäftigung

Die Situation auf dem Arbeitsmarkt der Industriestaaten stellte sich 1950 grundsätzlich anders dar als heute. In vielen Volkswirtschaften herrschte annähernd Vollbeschäftigung und das Arbeiterpotenzial wurde voll ausgenutzt. Das Gegenteil wurde sogar zum Problem: Es herrschte ein akuter Mangel an Fachpersonal und man lenkte den arbeitspolitischen Fokus dahingehend, das vorhandene Potenzial zu erweitern und besser auszunutzen. Als Lösung des Problems wurde damals darüber nachgedacht, das damals noch fast ungenutzte Arbeitspotenzial der Frauen zu nutzen und das Rentenalter nach oben zu setzten, um so Arbeitskräfte länger in der Wirtschaft zu binden (BAADE 1952: 5f). Eine Ausnahme bildete die noch junge Bundesrepublik Deutschland. Hier strömten nach dem Zweiten Weltkrieg noch viele entwurzelte Menschen in den westlichen Teil Deutschlands, und so stieg die Zahl der potentiellen Arbeitskräfte und damit auch die Zahl der tatsächlichen Arbeitslosen trotz steigender Produktion an (VON PROLLIUS 2006: 82). So wurde für viele Industrienationen prognostiziert, dass das natürliche Wachstum der Bevölkerung nicht reichen werde, um den hohen Bedarf an Arbeitsleistung zu decken (BAADE 1952: 6).

4. Die Lage der Weltwirtschaft 2008

Das Jahr 2008 war aus wirtschaftlicher Sicht wohl eines der bemerkenswertesten Jahre der letzen Jahrzehnte. Aufgrund der Weltfinanzkrise erlebte die Weltwirtschaft die stärkste Rezession seit dem Ende des zweiten Weltkrieges. Die jahrelang anhaltende Phase der Expansion ging schlagartig zu Ende und die anfänglich amerikanische Krise erfasste alle Regionen der Welt (BOYSEN-HOGREFE et al. 2008: 4).

4.1 Demographische Entwicklung und Verteilung

Die weltweite Entwicklung der Bevölkerung ist immer noch von einer starken ungleichen demographischen Entwicklung gekennzeichnet. Während in den armen Gebieten wie Afrika die Geburtenraten sehr hoch sind (viele Staaten verzeichnen über 50 Geburten pro 1000 Einwohner), ist die Entwicklung in den westlichen Industriestaaten gegenläufig. Hier ist die Geburtenrate wesentlich niedriger (unter 20 Geburten pro 1000 Einwohner) und somit ist auch das Wachstum der Bevölkerung niedriger (siehe Abbildung 9) (KNOX & MARSTON 2008: 138f).

Hinzu kommt noch die weltweite ungleiche Verteilung der Bevölkerung (sieheAbbildung 7). Während Asien nur ein Drittel der gesamten Landmasse der Erde bildet, leben hier 60,5 % der Weltbevölkerung, die selbst dort sehr heterogen verteilt ist. Alleine in China und Indien leben 37 % aller Asiaten und damit mehr als ein Fünftel aller Menschen weltweit (KNOX & MARSTON 2008: 129f).

4.2 Starkes wirtschaftliches Ungleichgewicht

Die Verteilung des Wohlstandes und der wirtschaftlichen Wertschöpfung ist nach wie vor von einer sehr großen Ungleichheit geprägt. Das Weltbruttoinlandsprodukt lag ist mit einer Summe von 69,5 Milliarden US-$ (CIA 2009) mehr als 13 Mal so hoch wie noch 1950, obwohl sich an der Verteilung des Wohlstandes wenig geändert hat.

Die drei reichsten Staaten		Die drei ärmsten Staaten	
Luxemburg	71.240	Burundi	100
Norwegen	68.440	Kongo	130
Schweiz	58.050	Liberia	130

Gemessen am BNE pro Einwohner in US-$, Stand 2006

Abbildung 2:   Die ärmsten und reichsten Staaten 2008 (verändert nach FISCHER 2008: 626)

Die reichsten und wohlhabendsten Regionen der Welt sind immer noch die westlichen Industrienationen, während die fünf ärmsten Staaten der Welt alle auf dem afrikanischen Kontinent beheimatet sind (siehe Abbildung 2). So hatte zum Beispiel ein Einwohner Luxemburgs im Jahre 2006, gemessen am Bruttonationaleinkommen, fast das doppelte Geld pro Tag zur Verfügung, wie ein Burundier oder Kongolese im ganzen Jahr. Die einzigen Gewinner der letzen Jahrzehnte, die seit 1950 zur Gruppe der großen Industrienationen aufschließen konnte, sind die erdölexportierenden Staaten der Arabischen Halbinsel, die Schwellenländer Ost- und Südostasiens, die zu den am schnellsten wachsenden Volkswirtschaften überhaupt gehören und die Länder Osteuropas, die sehr vom Zerfall der Sowjetunion und ihrem späteren Beitritt zu EU profitierten (FISCHER 2008: 626-628).

4.3 Hohe weltweite Arbeitslosigkeit

Eines der größten Probleme der Wirtschaft ist die Arbeitslosigkeit. Die Probleme auf dem Arbeitsmarkt sind sowohl in den Industriestaaten, wie auch in den Entwicklungsländern enorm, wenn auch die Ursachen und Folgen andere sind.

In den Industriestaaten ist die hohe Arbeitslosigkeit meist der zunehmenden Rationalisierung geschuldet. Die immer weiter steigenden Lohnkosten bewegen die Arbeitgeber zu immer weiterer Automatisierung. Besonders betroffen von dieser Entwicklung sind Arbeitsplätze für niedrigqualifizierte Arbeitskräfte im produzierenden Sektor. Hinzu kommt noch, dass Firmenstandorte in den großen Industriestaaten aufgegeben werden und in Niedriglohnländer verlagert werden. Zudem ist keine Ende des Trends in Sicht und das Ziel der Vollbeschäftigung scheint in weite Ferne gerückt zu sein. Nicht nur, dass durch die Krise „das Arbeitsvolumen im Jahr 2008 mit 2,5 Prozent zwar merklich zurück gehen wird" und ein „spürbarer Anstieg der Arbeitslosigkeit" (Boss et. al. 2008: 48ff) in Deutschland als Folge auftreten wird, es sind zusätzlich noch in den Industrienationen starke strukturelle Probleme vorhanden. Wenn in der Vergangenheit die Wirtschaft um 3-4 % wuchs, ging die Arbeitslosenquote meist trotzdem nicht um mehr als ein Prozentpunkt zurück (FISCHER 2008: 629).

In Entwicklungsländern stellt sich eine andere Problematik. Durch die starke Landflucht in den Ländern der Dritten Welt aufgrund der teils katastrophalen Bedingungen auf dem Land (Push-Faktor) und der Hoffnung auf Arbeit und einen damit verbundenen sozialen Aufstieg in der Stadt (Pull-Faktor) finden starke Binnenwanderungen statt. Dadurch steigt die Zahl der Arbeitskräfte in den Städten schlagartig, ohne dass es einen erhöhten Bedarf an Arbeitskräften gibt. Die städtische Arbeitslosigkeit steigt enorm. Diese Situation hat fatale Folgen sowohl für die ländlichen Gebiete, in denen durch die Abwanderung die Bevölkerung überaltert und durch das Fehlen junger Arbeitskräfte die Not noch größer wird, als auch für die Städte, die explosionsartig wachsen und überbevölkert sind (BÄHR 2004: 314-319).

4.4 Rohstoffabhängigkeit

Die Wirtschaft unterliegt durch ihren wachsenden Bedarf an Energie zur Güterherstellung und zum Transport einer immer größer werdenden Rohstoffabhängigkeit. Im letzten Jahrzehnt stiegen deshalb die Rohstoffpreise auch stark an (vgl. Abbildung 10). Dieser Preisanstieg hat nicht nur mit der Endlichkeit der Rohstoffe zu tun, sondern vielmehr damit, dass durch den wirtschaftlichen Boom in Asien zu Beginn des Jahrtausends die Nachfrage nach Rohstoffen so schnell stieg, dass das Angebot nicht schritthalten konnte. So verdoppelten sich die Weltmarktpreise auf allen Sektoren seit 2000, der Rohölpreis hat sich im Vergleich mit damals bis Mitte 2008 sogar fast verfünffacht. Diese hohen Preise wirkten sich hemmend auf den konjunkturellen Aufschwung vieler Volkswirtschaften aus. Der massive Abfall der Preise zum Ende 2008 entstand dann durch die weltweite Wirtschaftskrise, die die Nachfrage wieder senkte.

4.5 Klimaproblematik

Durch die anhaltende intensive Wirtschaftstätigkeit vergrößern sich die negativen Auswirkungen auf das ökologische System der Erde. Entscheidend ist hier vor allem der Treibhauseffekt, der zur Erwärmung der Erdatmosphäre führt. Das wichtigste Treibhausgaus ist Kohlendioxid (CO_2). Der Gehalt von Kohlendioxid ist in vor der Industrialisierung über Jahrhunderte ziemlich konstant geblieben. Erst im Laufe der letzten 130 Jahre nahm die CO_2 Konzentration in der Atmosphäre durch die Verbrennung fossiler Brennstoffe schlagartig zu. Ein weiteres wichtiges Treibhausgas ist Methan. Methan ist ein Gas, das vorwiegend durch natürliche biologische Prozesse entsteht, aber die Intensität dieser Prozesse ist anthropogen gesteuert. So ist die Hauptzunahme des Gases damit zu erklären, dass der Mensch aufgrund der schnell wachsenden Bevölkerung (siehe Kapitel 4.1) auch immer mehr Nahrungsmittel benötigt und dabei (Reisanbau und Weidewirtschaft) entsteht sehr viel Methan (STRAHLER & STRAHLER 1999: 92-94).

Nach dem aktuellen Bericht des Weltklimarates 2007 wurden nun die Bemühungen der Europäischen Union deutlich, die Ziele ihres „Klima- und Energiepaketes" zu verwirklichen. Danach sollen bis 2020 die CO_2 – Emissionen um 20 Prozent im Vergleich zu 1990 gesenkt werden. Zusätzlich soll der Handel mit den CO_2 Zertifikaten, also den Emissionsrechten, vorangetrieben werden (FISCHER 2008: 714f). Der CO_2 – Gehalt lag 2008 bei 382,7 ppm und damit um über 35 Prozent höher als noch im Jahre 1860 (STRAHLER & STRAHLER 1999: 93).

4.6 Globalisierung

Auch im Jahre 2008 setzte sich die Globalisierung der Weltwirtschaft fort. Die Globalisierung ist ein Prozess, bei dem der Zusammenhang von physischem Raum und dem wirtschaftlichen Handeln immer mehr verschwindet. Dies führt dazu, dass sich soziale, wirtschaftliche und kulturelle Beziehungen weltweit intensivieren und dass der Ort, an dem Handlungen getätigt werden und der Ort, an dem man die daraus resultierenden Folgen zu spüren bekommt, nicht zwangsläufig identisch sein müssen (BATHELT & GLÜCKLER 2003: 263).

Aus ökonomischer Sicht betrachtet, bedeutet Globalisierung das rasche Ansteigen von globalen Wirtschaftsbeziehungen und –verflechtungen. Die grenzüberschreitenden Wirtschaftsbeziehungen steigen weiter an und einzelne Wettbewerber am Markt stehen nun in weltweiter Konkurrenz, da die Faktormobilität, also die Beweglichkeit von Gütern, Kapital und Arbeitskräften, zunimmt (WALTER 2006: 202). Zudem nimmt der Einfluss einzelner Staaten auf die global agierenden Unternehmen und die immer internationaler werdende Wirtschaft weiter ab. Damit können sich sogenannte Global Player zunehmend der demokratischen Kontrolle von Regierungen entziehen.

Der rapide Anstieg des Welthandels in den letzten Jahren ist einer der deutlichsten Indikatoren für einen anhaltenden Globalisierungstrend. Zusätzlich wird dieser durch immer bessere Rahmenbedingungen begünstigt. Diese sind sowohl politisch (Abbau von Zollbeschränkungen und Protektionismus), infrastrukturell (sehr niedrige Transportkosten weltweit) und technisch (weltweite Vernetzung durch Internet und Satellitenkommunikation). Durch diese weltweit wachsende Konkurrenz entsteht jedoch auch die Gefahr für die traditionellen Industrieländer Westeuropas, da durch Export von Arbeitsplätzen massiv die heimische Wirtschaft mit neuen Problemen konfrontiert wird (FISCHER 2008: 630f).

4.7 Finanz- und Wirtschaftskrise

Die Weltwirtschaft wurde im Frühjahr 2008 von der Finanz- und Immobilienkrise der USA erschüttert. Die Krise im internationalen Banksystem begann bereits im Jahr 2007, als einzelne Kapitalgesellschaften in den USA erhebliche Liquiditätsprobleme hatten und nahm später immer größere Ausmaße an. Durch den Wertverlust von Hypothekenkrediten hatten viele amerikanische Finanzdienstleister massive Liquiditätsprobleme. Vorläufiger Höhepunkt der Finanzkrise war die Pleite der amerikanischen Investmentbank Lehman Brothers (PROJEKTGRUPPE GEMEINSCHAFTSDIAGNOSE 2008: 10ff). Infolge dessen brach die Kreditverfügbarkeit ein. Dies hatte weitreichende Folgen für die Konjunktur weltweit. Regierungen und Notenbanken mussten sich bemühen, für eine Stabilisierung der Banken und eine Stimulierung der Konjunktur zu sorgen. Ganz konnte dies jedoch die Krise nicht stoppen und so werden die Folgen wohl noch mindestens das ganze Jahr 2009 zu spüren sein (BOYSEN-HOGREFE et al. 2008: 4). Einer der größten Unterschiede zu vergangenen Rezessionsphasen der letzten Jahrzehnte ist auch der synchrone Einbruch der Konjunktur. Während bei diesen vergangenen Krisen die großen Volkswirtschaften deutlich zeitversetzt einen Abschwung ihrer Wirtschaft in Kauf nehmen mussten, greifen derzeit negative Rückkoppelungseffekte wesentlich schneller und beschleunigen die weltweite Abwärtsdynamik (BOYSEN-HOGREFE et al. 2008: 5). Ein vorzeitiges Ende der Krise scheint noch nicht in Sicht, wenn auch Prognosen schwerer den je fallen (siehe Kapitel 5.1). Frühestens für das Jahr 2010 wird von einer Entspannung der Lage der Weltwirtschaft ausgegangen, allerdings auch nur unter der Prämisse, dass die Finanzmarktkrise sich nicht noch weiter zuspitzt (BOSS et. al. 2008: 53).

5. Die Lage der Weltwirtschaft 2050

Es gibt im Moment wohl wenige Aufgaben, die so schwer sind, wie eine verlässliche oder zumindest seriöse wirtschaftliche Prognose für das Jahr 2050 abzugeben. Wie schwer sich eine solche Prognose gestaltet, macht die kürzlich veröffentlichte Pressemitteilung des Deutschen Instituts für Wirtschaftsforschung Berlin deutlich. Am 14. April 2009 erklärte das Institut, dass „angesichts der derzeit besonders großen Unsicherheit [...] darauf verzichtet [wird], eine explizit quantitative Prognose für das Jahr 2010 vorzulegen" (DEUTSCHES INSTITUT FÜR WIRTSCHAFTSFORSCHUNG 2009). Dennoch wird hier ein Ausblick auf das Jahr 2050 gegeben, obwohl die meisten dem zugrunde liegenden Quellen vor der aktuellen Finanzmarktkrise entstanden sind. Sie machen deutlich, dass sogar vor dieser Krise der Weltwirtschaft, sich die Fachleute keineswegs sicher waren, wohin die Welt in den nächsten 50 Jahren steuert.

5.1 Das Problem der Prognosen

Wirtschaftsprognosen beruhen meist auf computergestützten Prognosen, die wiederum aus zugrunde liegenden Modellen mit Hilfe von mathematischen Algorithmen berechnet werden (MERTENS & RÄSSLER 2005: 3). Jedoch ist die Wirtschaft kein mechanisches Modell, das immer den gleichen naturwissenschaftlichen Gesetzen gehorcht, sondern die Wirtschaft und damit auch die Prämissen eines solchen Modells unterliegen einem ständigen Wandel, und zwar in meist unvorhersehbarer Weise. Dadurch unterliegen Prognosen in der Wirtschaft immer wieder Fehlern (BRODBECK 2002: 58f). So geht BRODBECK (2002: 59) sogar noch einen Schritt weiter und behauptet, dass die meisten richtigen Prognosen nur auf einem ähnlichen Effekt beruhen, wie jener der in der Psychologie als Pygmalioneffekt bekannt ist, eine sich selbst erfühlende Prophezeiung. Dies soll nun an einem aus der Ökonomie recht bekannten Beispiel erläutert werden. Wenn ein Wirtschaftsinstitut behaupten würde, eine Bank sei zahlungsunfähig, dann hätte dies den Effekt, dass die Bank tatsächlich zahlungsunfähig werde, unabhängig von ihrer wirtschaftlichen Situation vor dieser Behauptung. Durch diese nämlich würden wohl alle Kunden der Bank möglichst schnell von ihr die Herausgabe der Ersparnisse fordern, was bei jeder Bank der Welt unmöglich wäre und daher Zahlungsunfähigkeit zur Folge hätte.

Zusammenfassend kann man zu Prognosen sagen, dass sie immer nur Modelle, denen bestimmte Annahmen zu Grunde liegen, simulieren. Jedoch haben Modelle dadurch auch einen Vorteil. Sie weisen auf mögliche Zukunftsszenarien hin, die ohne das Ändern bestimmter Parameter so eintreten würden. So kann man heute zum Beispiel nicht mit Sicherheit sagen, wie die Luftverschmutzung in 50 Jahren aussehen wird, da man nicht überblicken kann, welche Parameter sich wie in der Zukunft ändern. Jedoch kann man sagen, dass wenn sich nichts ändert, die Verschmutzung enorm zunehmen wird.

5.2 Bevölkerung und Demographie

Die aktuellen Prognosen der UN (2008) gehen von einer Bevölkerung von über 9,1 Milliarden Menschen im Jahre 2050 aus. Die Verteilung dieser Bevölkerung auf dem Erdball ist jedoch denkbar ungleichmäßig (siehe Abbildung 8 und 9). In Nordamerika wird die Bevölkerung im Vergleich zum aktuellen Stand nur leicht steigen, in Europa wird sie sogar schrumpfen. Dafür verdoppelt sich in Asien und Lateinamerika fast die Anzahl der Bewohner. In Afrika wächst die Population im Vergleich zu 2000 dafür um den Faktor 2,4. Dies bedeutet, dass im Jahre 2050 die Afrika von doppelt so vielen Menschen bevölkert ist, als die westliche Welt (Nordamerika und Europa). Zum Vergleich: Aktuell haben Nordamerika und Europa noch deutlich mehr Einwohner als Afrika.

5.3 Wirtschaftsleistung und Aufteilung nach Regionen

Wer Prognosen über die wirtschaftliche Leistung und ihre Verteilung in der Zukunft sucht, wird meist nur bei Unternehmen fündig. Deshalb sei im Voraus angemerkt, dass folgende Zahlen zum einen auf der Prognose der amerikanischen Unternehmensberatergruppe PricewaterhouseCoopers und zum anderen auf der der Schweizer Bank UBS beruhen.

PricewaterhouseCoopers geht davon aus, dass im Jahre 2050 China die USA als größte Volkswirtschaft der Welt abgelöst hat. Zudem müssen sich die Vereinigten Staaten die Rolle des Zweiten mit Indien teilen. Zudem verlieren die europäischen Staaten im internationalen wirtschaftlichen Vergleich. Deutschland wird laut Prognose zwar immer noch die größte Volkswirtschaft innerhalb des Kontinents stellen, weltweit belegt die Bundesrepublik jedoch nur noch den achten Rang, hinter Schwellenländern wie Brasilien, Mexiko oder Indonesien (HAWKSWORTH 2006: 22). Auch UBS geht davon aus, das Europa im Jahre 2050 nur noch einen Anteil von unter zehn Prozent am gesamten Welt-BIP haben wird. Zudem prognostizieren sie auch, das China und Indien zusammen fast 40 Prozent der weltweiten Wirtschaftstätigkeit ausmachen werden (KALT 2007: 5).

5.4 Die Aussichten des Club of Rome

Der Club of Rome ist ein Zusammenschluss von Wissenschaftlern, Politikern, Ökonomen aus der ganzen Welt. Er wurde 1968 von Aurelio Peccei und Alexander King in Rom gegründet, mit dem Ziel, sich für eine lebenswerte und nachhaltige Zukunft der Menschheit einzusetzen. 1972 erregte der Club of Rome durch den viel diskutierten Bericht „Limits to Growth" (Die Grenzen des Wachstums) weltweites Aufsehen. 1978 wurde in Hamburg die Deutsche Gesellschaft Club of Rome durch eine Initiative von Eduard Pestel gegründet. Die Leitidee des Club of Rome ist nach wie vor eine nachhaltige Entwicklung, die es erfordert, die Bedürfnisse der Menschen weltweit und der nachfolgenden Generationen an den begrenzten Ressourcen zu orientieren. Das erklärte Ziel des Club of Rome ist „möglichst viele Menschen dazu bewegen, ihr Verhalten so zu ändern, dass sie im Sinne einer nachhaltigen Entwicklung handeln" (CLUB OF ROME 2009). In diesem erwähnten Bericht „Die Grenzen des Wachstums" beschreibt MEADOWS et. al. (1972) das Hauptproblem, mit dem sich die Menschheit in Zukunft konfrontiert sieht, dem exponentiellen Wachstum. Dieses ist bei fast allen menschlichen Aktivitäten festzustellen und auch bei den fünf Hauptfeldern, auf die sich Meadows et. al. konzentriert, beim Wachstum von Bevölkerung, der Nahrungsmittelproduktion, der Wirtschaft, der Umweltverschmutzung und der Nutzung von Rohstoffen (MEADOWS et. al. 1972: 18). Dies würde für die Weltwirtschaft wiederum bedeuten, dass sie bei einem exponentiellen Wachstum sich bis zum Jahre 2050 mehrfach verdoppeln würde. Jedoch wird wäre dies nur dann möglich, wenn alle anderen Faktoren unverändert bleiben, da diese jedoch ebenfalls (meist exponentiell) wachsen, zeigt sich für 2050 ein ganz anderes Bild (MEADOWS et. al. 1972: 31-35).

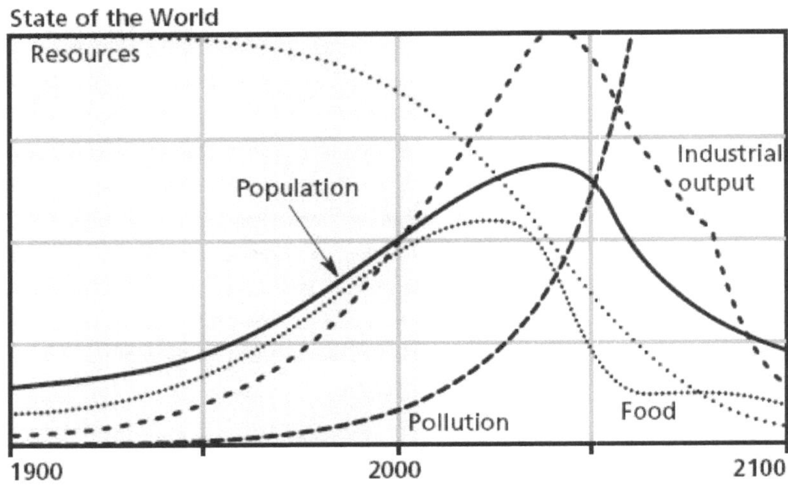

Abbildung 3:   Standardverlauf (MEADOWS et.al. 2005: 112)

Wie in Abbildung 3 dargestellt, wächst die Industrie tatsächlich fast bis ins Jahr 2050 sehr stark, erreicht dann einen Scheitelpunt und stürzt ähnlich Steil wie das vorherige Wachstum in eine Rezession. Dies hat mehrere Gründe: Zum einen sind die weltweiten Ressourcen („Sich nicht regenerierende Rohstoffe" (MEADOWS et. al. 1972: 45)) beträchtlich niedriger als zum momentanen Stand, da sie proportional zum Anstieg des Industrieoutputs und der Bevölkerung abnehmen. Die Bevölkerung hat im Jahre 2050, ähnlich wie die industrielle Produktion, ihr Maximum bereits überschritten. Aufgrund der zurückgehenden Nahrungsmittelproduktion, die wegen des Platzbedarfes für immer mehr Menschen und der erhöhten Umweltbelastungen weniger wird, wird auch die Bevölkerung schrumpfen, weil einfach wieder mehr Menschen sterben, als geboren werden. Ein zusätzliches Problem bei der Umweltverschmutzung ist, dass es keine bekannte natürliche Obergrenze für sie gibt und man nicht weiß, welche und mit welcher Verzögerung diese Folgen auftreten (MEADOWS et. al. 1972: 68f).

Die Lösungsansätze die MEADOWS et. al. (1972) anbietet, haben alle das Ziel, möglichst das exponentielle Wachstum zu stoppen. Dies wäre durch Senken der einzelnen Parameter, wie zum Beispiel der Geburten oder der Umweltverschmutzung möglich. Ziel darf nicht mehr das Wachstum sein, sondern vielmehr soll ein Gleichgewichtszustand erreicht werden (MEADOWS et. al. 1972: 144ff).

6. Fazit

„Die Welt ist mittlerweile zu einem großen Dorf geworden." Dies gilt als die Phrase zur Beschreibung der Globalisierung schlechthin. Doch ist das Zitat älter als so mancher denkt. Schon 1950 beschrieb WEBER (1950: 4) damit den damaligen Zustand der Weltwirtschaft. In vielerlei Sicht ist dieses Bild auch sehr richtig. Das Transportwesen hatte sich revolutioniert und Entfernungen, für die man hundert Jahre zuvor noch Wochen gebraucht hätte, konnten nun in einem Tag zurückgelegt werden. Dieser Trend setzt sich bis heute fort, und es gibt kaum einen Platz der Erde, den man nicht innerhalb der nächsten 24 Stunden erreichen könnte. Die Wirtschaft des „Dorfes", um im Bild zu bleiben, entwickelte sich ebenfalls prächtig in den vergangenen Dekaden. Doch stößt man hier schon auf die ersten Ungereimtheiten mit der Metapher. Während in einem Dorf wohl alle vom wachsenden Wohlstand profitieren würden, war dies weltweit schon 1950 gänzlich anders und hat sich bis heute auch nicht geändert, ganz im Gegenteil, die Schere zwischen reichen und armen Gebieten klafft immer weiter auseinander. Auch von der Prognose des amerikanischen Harvard Professors JOHN NAISBITT ist die Welt noch weit entfernt. Er sagte: „Je enger und intensiver die Weltwirtschaft wird, desto mehr bewegen wir uns auf einen immerwährenden Weltfrieden zu" (STRUBE 2003). Außerdem stellt sich noch die Frage, ob ein Dorf sich selbst Jahrhunderte lang derart verschmutzen würde, obwohl für alle Dorfbewohner feststeht, dass dies irgendwann zwangsläufig der Untergang des Dorfes werden würde. Doch der größte Unterschied zwischen der Welt und einem Dorf ist wohl, was Meadows als Hauptproblem der Menschheit ausmachte: Das rasante Wachstum. Während ein Dorf in einer solchen Lage einfach die Stadtmauern abreißen würde um sich ins Umland zu vergrößern, steht der Erde diese Option nicht offen. Nach dem heutigen Stand der Technik (und wohl auch noch sehr lange) können wir nicht einfach aufbrechen und uns eine „zweite Erde" suchen. Daher ist es wichtig, alles zu tun, dass uns diese eine genügt, auch wenn das bedeutet, das Wachstum der Wirtschaft drosseln zu müssen. Ist damit die Weltwirtschaftskrise vielleicht sogar eine Chance, um dieses Ziel zu erreichen? Nur sehr bedingt. Zum einen rücken nun zwar Probleme wie Wachstum um jeden Preis oder reine Profit- und Vermehrungsgier in den Fokus der Politik und des gesellschaftlichen Interesses, jedoch werden andere Problemfelder ignoriert, teilweise sogar noch vergrößert. So führte die Krise auch dazu, dass Rohstoffpreise wieder enorm sanken und der geringere Verbrauch von Rohstoffen und das Bewusstsein darüber, dass viele Ressourcen endlich sind, sind schon wieder vorbei. Zudem wird das Thema Umweltbelastung und Klimawandel, das in den letzten Jahren doch deutlich weiter in den Vordergrund rückte, aufgrund der Wirtschaftskrise von der Politik erst einmal wieder hinten angestellt. So sind im Moment nicht nur für Wirtschaftsinstitute Prognosen schwerer den je. Es zeichnet sich noch kein eindeutiger Weg ab, den die Menschheit und ihre Wirtschaft in den nächsten Jahren einschlagen werden. Eines scheint jedoch sicher: Es muss sich etwas ändern, wenn die „Dorfgemeinschaft" auch ihren Kindern und Enkeln eine lebenswerte Zukunft hinterlassen will.

Literaturverzeichnis

BAADE, F. (Hrsg.) (1952*): Die Weltwirtschaft. Halbjahresschrift des Instituts für Weltwirtschaft an der Universität Kiel.* Heft 1. Kiel (Springer).

BÄHR, J. (2004): *Bevölkerungsgeographie.* 4. Auflage. Stuttgart (Ulmer).

BATHELT, H. & J. GLÜCKLER (2003): *Wirtschaftsgeographie.* 2. Auflage. Stuttgart (Ulmer).

BLANCHARD, O. & G. ILLING (2006): *Makroökonomie.* 4. Auflage. München (Pearson Studium).

BOSS, A., DOVERN, J., MEIER, C., VAN ROYE,B. & J. SCHEIDE (2008): Deutsche Wirtschaft in einer schweren Rezession. *In:* Institut für Weltwirtschaft (Hrsg.): *Kieler Diskussionsbeiträge. Weltkonjunktur und deutsche Konjunktur im Winter 2008:* S. 31-55; Kiel (Institut für Weltwirtschaft).

BOYSEN-HOGREFE, J., DOVERN, J., GERN, K., JANNSEN, N., VAN ROYE, B., SANDER, B. & J. SCHEIDE (2008): Weltkonjunktur auf Talfahrt. *In:* Institut für Weltwirtschaft (Hrsg.): *Kieler Diskussionsbeiträge. Weltkonjunktur und deutsche Konjunktur im Winter 2008:* S. 3-29; Kiel (Institut für Weltwirtschaft).

BRODBECK, K. (2002): Warum Prognosen in der Wirtschaft scheitern. *In:* BRODBECK, K. (Hrsg.): *Praxis-Perspektiven Band 5:* S. 55-61; Würzburg (Verlag BWT).

CAMERON, R. (1992): *Geschichte der Weltwirtschaft.* Band 2. Stuttgart (Klett-Cotta).

CLUB OF ROME (2009): *Deutsche Gesellschaft Club of Rome.* (http://www.clubofrome.de, 15.04.2009)

CIA (2009): *The World Factbook.* (https://www.cia.gov/library/publications/the-world-factbook/geos/xx.html#Econ, 15.04.2008)

DEUTSCHES INSTITUT FÜR WIRTSCHAFTSFORSCHUNG (2009): *Pressemitteilung des DIW Berlin vom 14.04.2009.* (http://www.diw.de/deutsch/pressemitteilungen/97033.html, 15.04.2009).

FISCHER (2008): *Fischer Weltalmanach 2009. Zahlen-Daten-Fakten.* Frankfurt a. M. (Fischer).

GABLER (2000): *Wirtschaftslexikon.* 15. Auflage. Wiesbaden (Gabler).

HAAS, H. & S. NEUMAIR (2006): *Internationale Wirtschaft.* München (Oldenbourg).

HAMBURGISCHES WELTWIRTSCHAFTSINSTITUT (2009): *Der Rohstoffpreisindex.* (http://hwwa.hwwi.net/typo3_upload/groups/32/hwwa_downloads/Rohstoffindex-dia.xls.pdf , 15.04.2009).

HAWKSWORTH, J. (2006): The World in 2050. How big will the major emerging market economies get and how can the OECD compete? London (PricewaterhouseCoopers).

KALT, D. (2007): *Wirtschaftsausblick. Weltwirtschaft im Umbruch.* Zürich (UBS).

KNOX, P. & S. MARSTON (2008): *Humangeographie.* 4. Auflage. Heidelberg (Spektrum).

KRUGMAN, P. & M. OBSTFELD (2006): *Internationale Wirtschaft.* 7. Auflage. München (Pearson Studium).

KULKE, E. (2004): *Wirtschaftsgeographie.* Paderborn (Schöningh).

LARRAIN, F. & J. SACHS (1995): *Makroökonomik in globaler Sicht.* München, Wien (Oldenbourg).

MADDISON, A. (2001): *The World Economy. A Millennial Perspective.* Paris (OECD).

MEADOWS, D., MEADOWS, D., ZAHN, E. & P. Milling (1972): *Die Grenzen des Wachstums. Bericht des Club of Rome zur Lage der Menschheit.* Stuttgart (Deutsche Verlags-Anstalt).

MEADOWS, D., RANDERS, J. & D. MEADOWS (2005): *Limits to Growth. The 30-Year Update.* London, Sterling (Earthscan).

MERTENS, P. & S. RÄSSLER (2005): Prognoserechnung. Einführung und Überblick. *In*: MERTENS, P. (Hrsg.): *Prognoserechnung*: S. 1-6; Heidelberg (Physica).

PROJEKTGRUPPE GEMEINSCHAFTSDIAGNOSE (2008): *Folgen der US-Immobilienkrise belasten Konjunktur. Gemeinschaftsdiagnose Frühjahr 2008.* Essen (Projektgruppe Gemeinschaftsdiagnose).

SIEBERT, H. (1997): *Weltwirtschaft.* Stuttgart (Lucius und Lucius).

STRAHLER, A. & A. STRAHLER (1999): *Physische Geographie.* Stuttgart (Ulmer).

STRUBE, J. (2003): *Reserveaußenpolitik in Zeiten der Krise? Unternehmen und die Abkühlung der transatlantischen Beziehungen.* (http://www.h-quandt-stiftung.de/root/index.php?page_

id=840&PHPSESSID=997b1dfaaba8c63820da081e04b98027&PHPSESSID=997b1d
faaba8c63820da081e04b98027, 15.04.2009)

UNITED NATIONS (2008): *World Population Prospects: The 2008 Revision Population Database.* (http://esa.un.org/unpp, 15.04.2009).

VON PROLLIUS, M. (2006): *Deutsche Wirtschaftsgeschichte nach 1945.* Göttingen (Vandenhoeck & Ruprecht).

WALTER, R. (2006): *Geschichte der Weltwirtschaft. Eine Einführung.* Köln (Böhlau).

WEBER, A. (1950): *Weltwirtschaft.* Vierte Auflage. Berlin (Duncker & Humblot).

Anhang

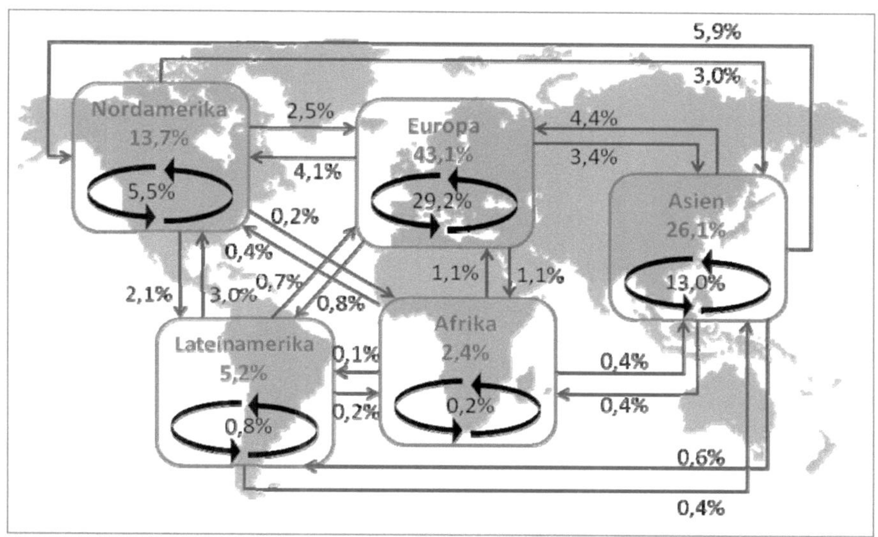

*Abbildung 4:   Regionale Strukturen des Welthandels (leicht verändert nach KRUGMAN &
OBSTFELD 2006: 42)*

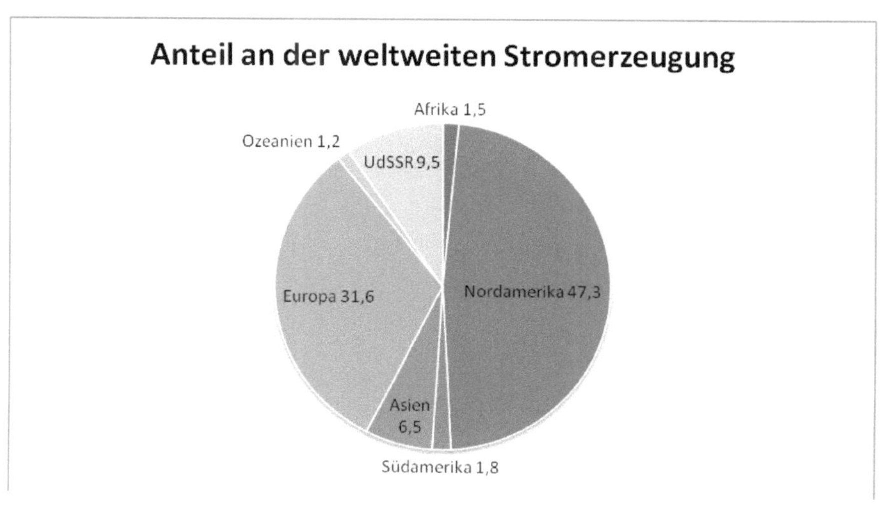

*Abbildung 5:   Stromerzeugung einzelner Weltregionen (eigene Darstellung nach CAMERON
1992: 177)*

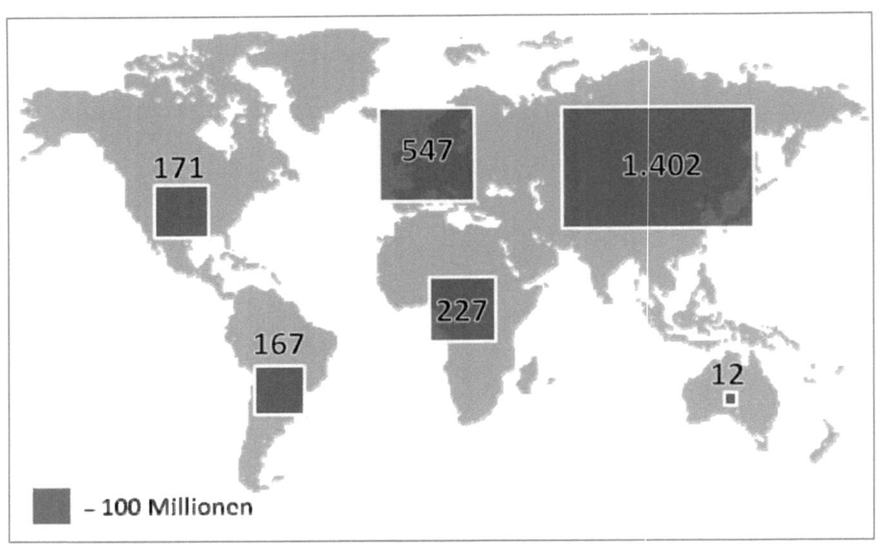

Abbildung 6: Die Verteilung der Weltbevöklkerung 1950 nach Regionen in Mio. Einw. (Eigene Darstellung nach UN 2008)

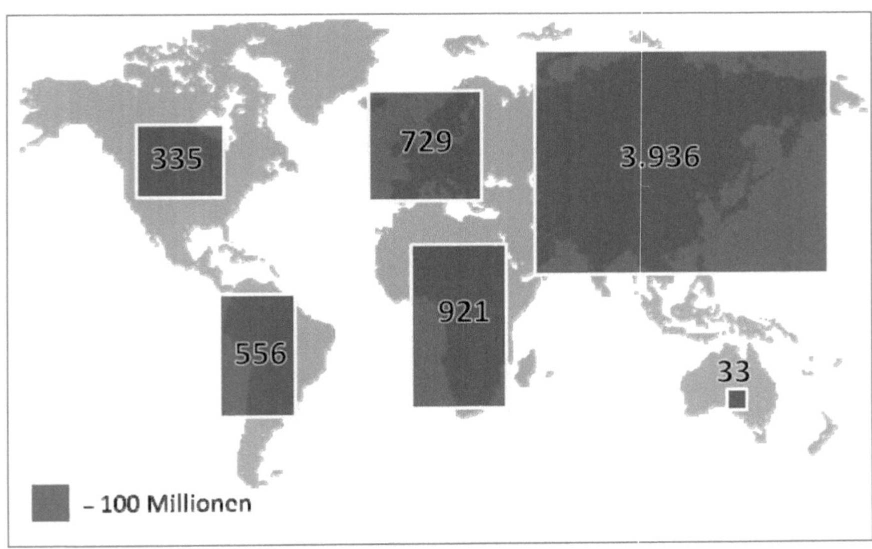

Abbildung 7: Die Verteilung der Weltbevöklkerung 2005 nach Regionen in Mio. Einw. (Eigene Darstellung nach UN 2008)

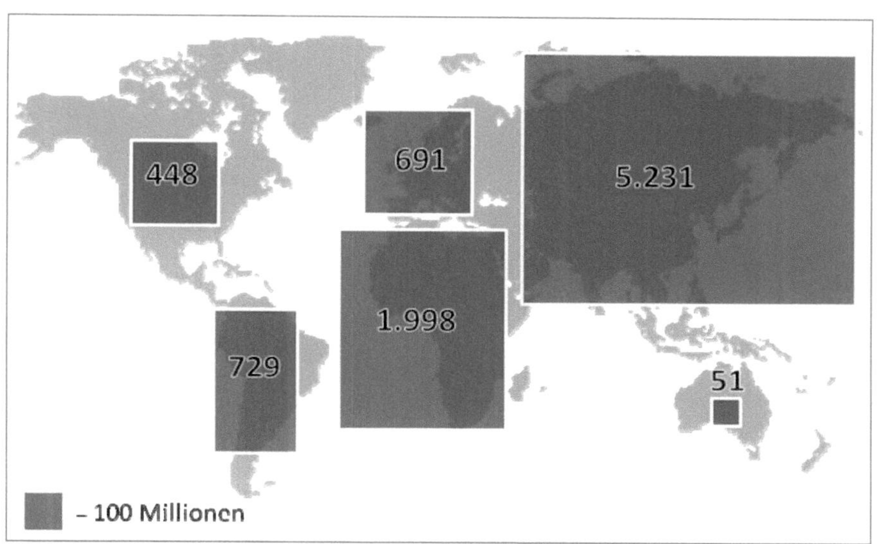

Abbildung 8: Die Verteilung der Weltbevöklkerung 2050 nach Regionen in Mio. Einw. (Eigene Darstellung nach UN 2008)

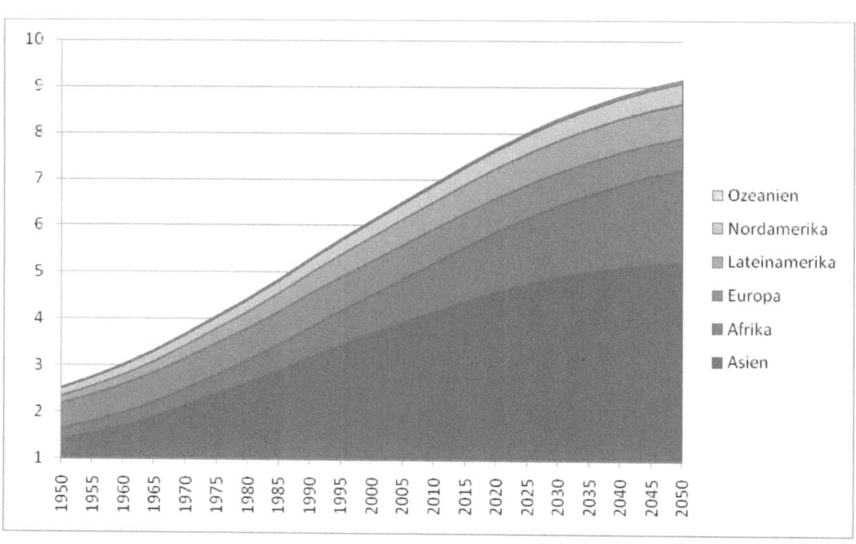

Abbildung 9: Das Wachstum der Weltbevölkerung in Mrd. Einw. (Eigene Darstellung nach UN 2008)

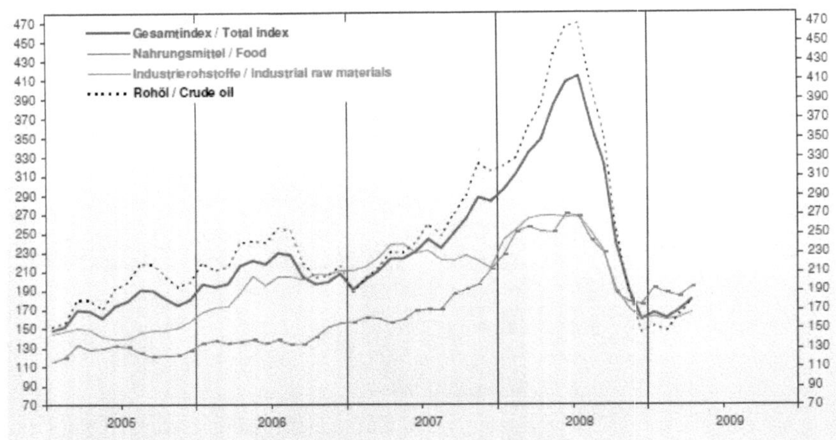

Abbildung 10: *Index der Weltmarktpreise für Rohstoffe auf US-$ Basis (HAMBURGISCHES WELTWIRTSCHAFTSINSTITUT 2009)*

BEI GRIN MACHT SICH IHR WISSEN BEZAHLT

- Wir veröffentlichen Ihre Hausarbeit,
  Bachelor- und Masterarbeit

- Ihr eigenes eBook und Buch -
  weltweit in allen wichtigen Shops

- Verdienen Sie an jedem Verkauf

Jetzt bei www.GRIN.com hochladen
und kostenlos publizieren